BE BEAUTIFUL

Aya Omasa Beauty Book

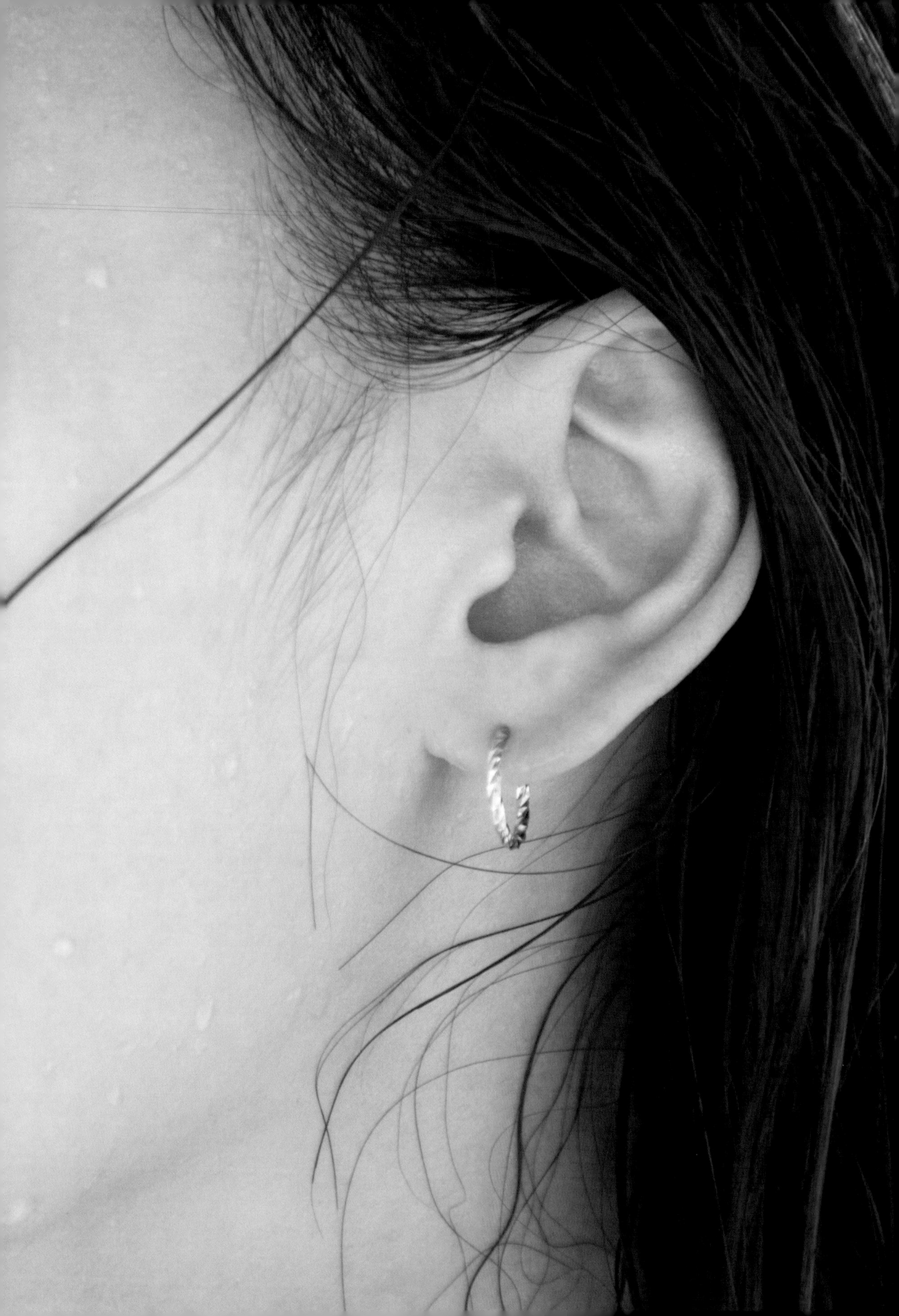

MY BEAUTY AND MY LIFE

Aya Omasa Beauty Book

Thought on the Beauty.....

モデル、女優としてスタートを切ってから10年以上の歳月が経ちました。
多くの人の前に立たせていただく仕事柄、
キャリアを重ねた時間と同じだけ美しさを磨くことと向き合う中で
たどり着いたたったひとつの真実は
努力なくしてキレイにはなれないということ。
もちろん、何もしないでキレイになれたらそんなにラクなことはないけれど
そんな都合のいい魔法はどこにもありません。
理想の自分に近づくために若い頃はトレンドのコスメやダイエットにやみくもに飛びついて……。
トライした分と同じくらいエラーを繰り返した苦い経験も今はいい思い出。
その場しのぎのキレイではなく、根本からの美しさを追求しながら
生きていく上で自分に合うものだけを選び抜く審美眼を培うための
必然だったんだと思います。
自分が納得がいくまで美を追求しながら20代を駆け抜けてきたからこそ、
ようやく心の底から納得して楽しく努力できるルーティンにたどり着けました。
時には辛いこともあるけれどその時間が必ず自分の輝きに変えられると思うと、
続けることが苦にならないんです。
周囲の諸先輩方と触れ合う中で年齢相応の
美しさがあることにも気がつき、30歳を目前に控えた今、
年齢を重ねていくことは楽しみでしかありません。
今から私が日々積み重ねているキレイを磨くための"小さな努力"を
ご紹介していきたいと思います。

CHAPTER

COLUMN

CHAPTER 1

BODY CARE

幸せな触感がイメージできるしなやかボディが理想

私が目指すボディラインは女性らしいしなやかな体。「触りたいな」って思ってもらえるようなふわっとした質感がありながらも、締まっているところは締まっている。痩せ過ぎず、締め過ぎず。そんなスタイルが理想です。

今でこそ信頼できるトレーナーさんやお気に入りのコスメに出会ったり、自分に合う食生活を見つけたり。ようやく納得のいくメソッドに近づけている私だけど、20代まではずっと失敗の繰り返し。それでもまだゴールにたどり着いた自信はなくて、これからも、引き続き模索し続けていくんだと思います。

トレーニングにしても、日々のお手入れにしても、ボディメイクを頑張り続けるモチベーションは常に目標を持つこと。友達と南の島へ行って水着を着るとか、結婚パーティにお呼ばれするとか、好きな人がいる子は一週間後のデートのために頑張ってみるとか、ちょっとしたことでいいんです。

自己満足な部分はもちろんあるけれど、“自分のためだけじゃない何か”を目標にして誰かに「頑張ったね」って言ってもらえることを見つけると、それだけで自分の体と向き合うことが楽しくなる。
努力していい変化が訪れたら、自分の体が愛おしくなって、頑張った自分のことまで抱きしめられる。努力を続けることが当たり前になればますますスタイルアップして、着られる洋服のバリエーションが広がる。自信がつくと、自分のことが大好きになって、胸を張って生きていけるようになる。

キレイな体を目指すことはハッピーな連鎖と未来のキレイを連れてきてくれるから、いつまでも私のライフワークの一環であり続けるのだと思います。

Body Treatment

小さな努力が大きな成果となり実る

ボディをお手入れする上で最も大切にしているのは保湿。それさえきちんとできていれば、乾燥も、くすみも、キメもすべてが整うので、意外と侮れません。

重要なのはお風呂上がり。バスタオルで水気をさっとオフしたら、間髪入れずにボディクリームを塗るのを徹底しています。このときにリンパの流れを意識してあげるとスタイルアップに。これまでの経験上、高級品を少しずつ塗るより、プチプラのアイテムでいいので惜しみなくたっぷり使う方が絶対に効果的なので、肌が溺れるほど水分をチャージ。

乾燥が深刻になる冬場はクリームだけでは物足りなくなるので手持ちのボディクリームにオイルを混ぜてシールド力を高めてあげるのもオススメです。

30代に向けて追加したのがパーツケア。バストやデリケートゾーンを専用アイテムでお手入れすることで、体の隅々まで気を配るようになりました。全て小さなことに感じるかもしれませんが"塵も積もれば山となる"。体は手をかけた分だけキレイになって返してくれると信じてがんばりましょう。

AYA'S RULE :

1 お風呂上がりは間髪入れずに保湿
2 ボディクリームを塗りながら
リンパを流してスタイルを軽快に
3 専用コスメでパーツケアも実践

NIVEA
Cream
/NIVEA KAO

Jonson & Jonson
Jonson's® Baby oil

(POINT)

マッサージするときは、この2つをブレンド

ニベアのクリームとジョンソン®ベビーオイルを1:1で混ぜると固すぎず、緩すぎず、マッサージするのにちょうどいいテクスチャーに。ニベアのクリームは炊事のあとのハンドクリームとしても愛用。

AYA'S ADVICE

まだ自分に合うメソッドに出会えていない人は、何かに挑戦してまず3ヶ月、頑張ってみてほしい。1回で結果が出るものなんてこの世の中にはなくて、ある一定期間継続して初めて体が変わり始めるんです。すぐに結果が欲しい女性にとってはそこがしんどくもなると思いますが、長い目で見て継続することが大切。ボディメイク中はメンタルもすごく大事なので、トレーナーさんとフィーリングが合わない場合は、すぐに次を探す勇気も持って。ちなみに私は優しい人より、ちょっと厳しいくらいの先生がタイプ。一緒になってがんばってもらえる先生だと、やりがいをより感じるんですよね。

(4)
YumiCoreBodyProduct

Chitsu Oil

諸先輩方から
「今のうちからケアしておくと
出産のときに安心」とうかがって
デリケートゾーンの
ケアをスタート。
潤いを与えハリを保ってくれる
ブレンドオイルをマッサージ
しながらなじませます。
マカデミア種子油や
ホホバ種子油などナチュラルな
オイルでできているんですよ。

(5)
JOY by DIOR

**BODY MILK
／PARFUMS
CHRISTIAN DIOR**

肌に溶け込むようになじんで
あくまでさりげなく香りを
振りまきながら肌をうるおしてくれる
ボディミルク。お料理の邪魔に
ならないので、おめかしして
外食に出かけるとき、
香水の代わりに使います。

(6)
F organics

**BUST TREATMENT GEL
／Mash Beauty Lab**

脂肪組織の量を増加させて
くれると言われるペプチドを
配合したジェルタイプの
バスト専用美容液。
脇の下からバストを持ち上げる
イメージでお風呂上がりに
なじませます。ハリ感が
ナチュラルにアップ。

(1)
WELEDA

**White Birch Body Oil
／WELEDA JAPAN**

ヒップや太もものケアに
フォーカスしたマッサージ用ボディオイル。
たくさん歩いて足がむくんでしまった日に、
ヒップから足にかけてマッサージを
しながらなじませるとあっという間に
足元が軽やかに。

(2)
3S

**BODY CREAM
／VERITAS**

植物由来の美容成分と
ドイツの名水を配合した
ボディクリームは、マッサージを
しながらなじませるだけで
メリハリボディが狙えるスグレモノ。
軽やかなテクスチャーが
心地いい。保湿力も高く、
引き締め効果も
バッチリなんです。

(3)
HELENA RUBINSTEIN

**Re-PLASTY R.C
HAND NECK&DECORTE CREAM
SPF10・PA++**

私たちが思っているよりずっと外的刺激に
さらされやすいハンド、ネック、デコルテ専用のクリーム。
エイジグサインが出やすいパーツだからこそ、
大人としてこまめにケアしたい。UVケア効果も。

1 2 3 4 5 6

AYA'S ADVICE

必要に応じてプロの手を借りることも。体に痛みを感じたときに駆け込むのが「山口整体院」。骨格を整えてもらいます。海外ロケが続いてコリが出てきたときは「エメリリア」へ。徹底的にほぐしてもらえます。スタイルアップを狙いたいときは「ミッシィボーテ」へ。セルライトを流して全身スッキリさせてくれます。

Bath Time

**一日の終わりに、リラックスしながら
自分を磨ける大事なひととき**

AYA'S RULE :

1　40℃のお湯でポカポカするまで全身浴
2　入浴しながら水500mlを飲みきる
3　湯船に浸かっている間はエステタイム
　マッサージやスキンケアを実践
4　お風呂上がりは冷シャワーを浴びて
　肌を引き締めながら血行を促進

私にとってバスタイム＝リラックスタイム。「今日も終わった……」ってホッと一息つける時間なので、どんなに疲れていても必ず湯船に浸かるようにしています。基本は40℃の全身浴。入っている時間はその日の気分で長いこともあれば短いこともあるけれど、芯までポカポカしてくるまでは入っているかな。

その日の体調や気分で入浴剤を選ぶ時間もお楽しみのひとつです。バスルームに持ち込むのは常温のお水。発汗と血流をスムーズにしたいので500mlペットボトルを入浴中に飲みきるようにしています。それから筋膜リリースボールもマスト。体の上を隅々までコロコロしてコリをほぐしてあげるのが日々の習慣。時間に余裕があるときは、スキンケアオイルをお風呂に持ち込んで湯船に浸かりながら顔、頭皮、首もとをマッサージすること。顔色のくすみとむくみが軽減して肌色をトーンアップできるんです。お風呂から上がるときに水シャワーを浴びるのもポイント。肌が引き締まる上に、体がポカポカになるんです。冬はさすがに寒いので顔だけで断念しますが、その他の季節は全身浴びるのが日課です。

AYA'S ADVICE

私、筋膜リリースのボールをいつでもどこでも持ち歩いているんです。例えば今こうして取材を受けている間も、移動する車の中でも、台本を読んでいるときでもずーっと体の上でボールをコロコロ。呼吸をするようにいつでも自然にほぐしているんです。自宅でも、ずーっとコロコロ。これを習慣にしてからとにかく体の巡りが良くなりました。

入浴剤はよりどりみどり♪ ビュッフェ感覚でチョイス

1. KNEIPP BATHSALT ヘイフラワーの香り ハーブの精油をミックスしたバスソルトはとにかく香りがツボ。肌をしっとり整えてくれるところも好き。
2. CLAYD CANISTER SET／マザーアース・ソリューション 天然ミネラルをたっぷり配合したクレイが毛穴の奥の汚れまで掻き出してくれるから肌の透明感がアップ。保湿力も高くてお風呂上がりの肌がしっとり。暑い季節になると使用頻度が高くなります。入浴剤としてはもちろん、泥パックとしても使える。
3. GRASSE TOKYO Fragrance Salt water lily ウォーターリリーの香りにうっとり。発汗を促してくれるところも頼れるんです。
4. OSG つ～るるん水素Spa 水素生まれの入浴剤はとにかく汗をかけるのがうれしい。むくみが気になる生理前や撮影の前日に。（本人私物）

5. BAB The Aroma Pleasure Feeling／KAO 実家に住んでいた頃から愛用。なんだかホッとできるんです。これは4種のバラの香りがセットになったシリーズ。炭酸が体を芯まで温めてくれます。6. THREE FULL BODY TREATMENT & BATH SALT（GF） 梅塩と精油をブレンドしたボディスクラブ。手で肌になじませて優しく磨いたあと、洗い流さずにそのまま入浴できるのが新鮮。お風呂上がりの肌がシルクのようになめらかに。グレープフルーツの香りがみずみずしい。7. BARTH 中性重炭酸入浴剤／TWO ドイツの温泉が自宅で再現できるタブレットはどっさり汗をかきたい日に。クエン酸×炭酸ガスのパワーにビタミンCを配合。キメ細やかでなめらかな肌に。8. AROMATHERAPY ASSOCIATES DEEP RELAX BATH AND SHOWER OIL／シュウエイトレーディング ベチバー、サンダルウッド、カモミールなど上質なアロマをブレンド。その名の通り極上のリラックスを連れてきてくれる。睡眠の質も上げてくれる気がする。無香料のソルトを使うときの香りづけにも活躍。（本人私物） 9. SORE MUSCLE SOAK BATH SALTS ニューヨークで購入。発汗作用とお風呂上がりの爽快感がやみつきになります。Amazonでゲットできます！ 10. BATHCLIN Spa Perfection ベルガモットブルームの香り 水素と炭酸でできた贅沢な泡が体を芯からポカポカに。パールエキスをはじめとする美肌成分が保湿効果もお約束。旅先やロケ先のホテルに持っていく率も高いです。

CHAPTER 2

SKIN CARE

肌を愛おしむ毎日からハッピーの連鎖が始まる

今でこそ「肌、キレイだね」と褒めてもらえることが増えたけれど、もともとはかなりの乾燥肌。しかも、学生時代はテニス部で日焼け止めを塗ることすら知らずに炎天下でプレイしていたので肌色はかなりヘルシーだったんです。スキンケアをする習慣もなかったので、乾燥からくるニキビにも悩まされていました。肌のことをきちんと考えられるようになったのは芸能の仕事を始めてから。あれこれ手をかけていくうちに肌色も質感もみるみる上向きになりました。

日々のお手入れの話をすると「スキンケアにストイックだね」と言われるのですが、自分ではまったくそんなつもりはなくて。毎日お手入れすることで、肌がキレイになってテンションも上がる。そのサイクルがうれしくて続けているだけなので楽しみでしかなくて。

これから年齢を重ねていくことはもちろん怖い気持ちもありますけど、私は自然に年齢相応の顔になることがとても大事だと思うんです。例えばシワがあったとしてもそれがたくさん笑うことでできる表情ジワだったらチャーミングに写りますよね。表情筋に関しては大好きな人と話すのが一番のトレーニングだと思うので、喜怒哀楽を出せる相手と過ごすことも美肌をキープする上で大切なことなのかもしれません。

Daily Care

(WINTER-SPRING)

INFINESSE
／ALBION

(1)
DERMA PUMP
MILK

(2)
DERMA PUMP
LOTION

(3)
UPSURGE
SOLUTION F

(4)
EXPANSION
CREAM
SOLUTION F

(EARLY SUMMER-AUTUMN)

INFINESSE WHITE
／ALBION

(5)
WHITENING PUMP MILK
［医薬部外品］

(6)
WHITENING PUMP LOTION
［医薬部外品］

(7)
WHITE SURGE SOLTION
［医薬部外品］

(8)
WHITE PLANT CREAM
［医薬部外品］

AYA'S RULE：

疲れてヘトヘトで帰っても、クレンジングとスキンケアだけは必ず夜のうちに。翌朝、自分の肌に絶望したくないので必死で頑張ります。朝の洗顔をカットするのもこだわり。年齢とともに皮脂の分泌量が減っていくので、洗いすぎることが乾燥につながってしまう気がして。20代後半くらいから化粧水をコットンに浸して優しく拭き取るだけで終わらせるようにしたら、すこぶる調子がよくなりました。良質な睡眠も肌のターンオーバーを整えるためにマスト。毎日8時間はぐっすり休みたいので、起きる時間から逆算してベッドに入るようにしています。シーツや枕カバーを肌触りがなめらかなものにしているのもこだわり。

2つのラインを季節に合わせて使い分け

紫外線によるダメージが気になる初夏から秋にかけては美白効果が期待できる『アンフィネス ホワイト』、
それ以外の季節はエイジングケアと保湿に特化した『アンフィネス』のシリーズを愛用。一番始めに乳液をなじませることで
後から重ねる化粧水、美容液、クリームの浸透力がアップ。肌の奥まできちんとうるおしてハリと輝きで満たしてくれるので、手放せません。
摩擦による負担を肌にかけないように、乳液と化粧水はコットンにたっぷりとってなでるようになじませるのがルーティン。
顔を手で包み込むイメージで1ステップ1ステップ丁寧に浸透させるよう心がけています。
クリームを塗るときだけ、少し圧をかけてマッサージ。毎晩続けると翌朝の顔つきが驚くほどスッキリするのでオススメ。
理想はさらっとしたお餅みたいにもっちりと吸い付くような柔らかな質感です。

Special Care

自分の肌に耳を傾けてからお手入れ

大事な撮影の前日や時間に余裕がある夜、肌のコンディションに不安を感じたときは、いつものスキンケアに＋α。とっておきのアイテムを投入して理想の肌にアプローチをかけます。

乾燥だったり、くすみだったり。その日の自分の肌と対話すると、そのときどんなお手入れをするべきかが自然と浮き彫りになって、パーフェクトなコンディションが目指せると思うんです。お値段が張るものもあるけれど、肌はキレイの礎（いしずえ）。大人ほど、投資する価値があるんじゃないかな。

スペシャルケアをする上で1つ気をつけているのは、初めてのスキンケアをここぞという日の直前に投入しないこと。慣れないコスメに肌が驚いて予期せぬトラブルにつながるリスクがあるので、日頃から慣れ親しんだコスメをプラスします。

ALBION

FLORA DRIP

化粧液なのにコレ1つで美容液を塗ったあとみたいにもっちり。肌が揺らいで乾燥が気になる日はこれをコットンにたっぷり浸してパック。デイリーケアの化粧水のあとになじませることもあります。

EXCIA AL

EXTREME CHARGE SERUM MASK／ALBION

古来から滋養強壮効果の高さで注目される高麗人参やローヤルゼリー、レイシのエキスをリッチに配合したコクのあるマスク。瞬時にパーンとしたハリとツヤを与えてくれるので大事な撮影の前に使用します。

INFINESSE WHITE

TURN WHITE CHARGER／ALBION［医薬部外品］

日差しの強い夏場やロケで肌が紫外線にさらされたときにすかさず取り入れるのがこの薬用美白美容液。トリプルビタミンがメラニンの生成を抑えながらエイジングケア。ハリとうるおいに満ちたクリアな肌へと導いてくれるところが好き。朝晩2回、化粧水のあとになじませると、一箱使いきった頃には憧れの純白肌に。

FEMMUE

DREAM GLOW MASK (REVITALIZE・RADIANCE)／アリエルトレーディング

肌にピタっと密着して紫外線や乾燥によるくすみから肌をレスキュー。100%天然由来素材のシートだから、肌をいたわりながらケアできる。透明感がアップしてキメが整列。

Trouble Care　肌の調子をリセットしてくれるお守りコスメ

日頃からどんなにきちんとケアしているつもりでも仕事で不規則な生活が続いたり、飛行機移動など乾燥した空間で長時間過ごすと、吹き出物ができてしまうことも。年齢を重ねるとともに、これまでちっとも気にならなかった毛穴の汚れや開きも気になってきたので、すぐにリカバリーできるスキンケアアイテムをいつでもスタンバイ。少しでも肌落ちの予兆を感じたら即取り入れるとトラブルが最小限に。発症してしまったトラブルは触らないほど改善しやすくなるのでグッとこらえて過ごします。自分の手に負えなくなりそうなときはかかりつけのクリニックへ。

1. CLARINS SOS PURE REBALANCING Clay Mask やわらかなテクスチャーのクレイパックはリッチな保湿力も魅力。マッサージしながら洗い流すと肌がふわふわに。2. ARGITAL Green Clay Paste／石澤研究所 古い角質や汚れをすっきり取り除くマスクは、吹き出物ができる予感がしたらすぐに投入。すでにできてしまった吹き出物もこれを塗ると小さくなる気がします。3. ALBION Skin Conditioner Essential Paper Mask E［医薬部外品］ 夏の間は冷蔵庫で冷やしておいて週4～5回使用。薬用で傾いた肌にも安心。疲れた肌を休ませてくれます。4. ALBION Skin Conditioner Essential［医薬部外品］もう何回リピートしたかわからないくらい私の定番になっている薬用化粧水。肌も心も落ち着きます。この化粧水でコットンパックをすることも。5. ARGITAL ECHINACEA CREAM／石澤研究所 肌の赤みを沈静。すっきりとした香りも好き。

UV Care

何が何でも焼かない主義

何を隠そう、元々は日焼けしやすい肌質。少しでも油断するとすぐに肌色がくすんで色素沈着してしまう肌質なんです。その上、紫外線によるダメージは“光老化”と呼ばれ、あらゆるエイジングサインの元凶と言われているので、UVケアは四季を通して必須のミッション。顔はUVカット効果のあるベースメイクを使用してガード。ボディにも通年日焼け止めを塗るようにしています。SPFとPA値を季節によって変えていて、紫外線が強い真夏はなるべく高いものを、その他の季節は肌に必要以上の負担がかからないようマイルドな数値のものを選ぶのがルール。外側からガードするだけではなく、夏場や屋外でロケの日はお出かけ前に“飲む日焼け止め”を一粒。体の外側だけでなく内側からも紫外線をシャットアウトするダブルのアプローチで透明感のある肌を死守しています。

コスメやサプリを味方につける一方で、日傘やサングラス、帽子などのアイテムでもUVをシャットアウト。あらゆる方向から徹底的に紫外線カットに立ち向かうのがすっかり板についてしまいました。

ストイックに映るかもしれませんが、習慣にしてしまえばなんてことはありません。未来に向けて“美肌貯金”できるので、ケアしない手はないですよね。

1. ANESSA Perfect UV Sunscreen Skincare milk a SPF50＋・PA＋＋＋＋／SHISEIDO（2/21Release）炎天下でのロケや旅先では迷わずこのシリーズ。汗や水に触れると紫外線をブロックする膜が強くなる技術が本当に心強い。美容成分配合で塗っている間中肌がうるうる。2. RMK BODY CREAM UV SPF47･PA＋＋＋／RMK Division 繊細なラメが光を集めて肌をキレイに魅せてくれるから肌見せコーデや仕事の日に指名。さらっとなじませるだけで、紫外線から肌を守りながらツヤのヴェールで肌を包み込んでくれる。トロピカルフラワーの香りにときめきます。3. SUPER UV CUT FINE COMFORT BODY SPF42・PA＋＋＋／ALBION このボディ用日焼け止め乳液は車の“置きコスメ”。運転中は日焼けのリスクが高いんです。着け心地も快適。4. NIVEA SUN creme care UV cream SPF50＋・PA＋＋＋＋／NIVEA KAO タウンユースはこちら。パワフルなのに肌に優しい処方でオフも洗顔料で簡単。

HELIOCARE

ULTRA-D

ビタミンを始めUVカットに立ち向かってくれる成分をぎっしり詰め込んだ飲む日焼け止め。
紫外線が威力を増す夏や炎天下でのロケの日は毎朝1粒必ず飲むようにしています。
衣里クリニックなどで購入できます。

Hand Care 指先まで気を配るのが大人の女性のたしなみ

末端まで美しい人でありたいから、意外と人の目に触れやすい手肌はこまめに保湿。目指しているのは顔の肌と同じくらい透明感があってキメ細やかな肌。質感は、タッチしたときモチっとしているのが理想。ネイルオイルで爪もピカピカに整えれば、所作まで優美に映るから不思議。

（3）
EXAGE

MOIST RICH SERUM MIST／ALBION

本来は顔用の美容液ミストなのですが、私は主に手と首の保湿に愛用。バリア機能を高める効果が期待できる美容成分や保湿効果の高いオイルを超微粒子化して配合。キメ細やかな霧が肌をふっくらと。優しく上品な香りで女子力もアップ。

（2）
Hands-On

Hand&Foot Gel Mist／Hands-On 表参道店

ビタミンCやEをリッチに配合したジェルタイプのオイルインミストはさっぱり使えるのにきちんとうるおいをシールドしてくれるのがスゴイ。ベタつかないのでどこでも気軽にスプレーできます。柑橘系のフレッシュな香りは精油由来。

（1）
uka

nail oil 18:30／uka Tokyo head office

香り違いでいくつか持っているロールオンタイプのネイルオイル。爪の生え際にのせて、指でくるくるとなじませると指先がしっとり。精油の香りに癒されます。18:30はダマスクスローズやゼラニウムを基調にした女性らしく華やかな香り。

1

Think : Daily Eat Style

食生活をハッピーにするためのマイルール

トレーニングを始めてから筋肉量が上がって脂肪を燃焼しやすい体質に変わったこともあり、
食生活を自由に楽しめるようになりました。「モデルなのに?」ってよくびっくりされるのですが、食べたいものを食べたいときに食べるタイプ。
ラーメンの替え玉だって余裕ですし、ビールだって飲みます(笑)。たくさん食べた日の翌日からエクササイズや
食事の内容を調整して自分を追い込むことでリセットを意識。日々の食生活にメリハリをつけてあげれば、
食事をガマンするだけのダイエットから解放されて、美味しいものを口に運べる。毎日が楽しくなりますよ!
ここでは、そんな私が実践している美ボディキープのための食ルールをご紹介します。

RULE : 1　友達と食事をするときは心の底から楽しむ

「これ食べちゃった……」の後悔はNG!
食事は「美味しくて幸せ♡」なものと
心得ることが大切。
だって、友達と一緒に食事に出かけたら
思う存分楽しみたいじゃないですか。
だからそういう日は「今日は楽しむ日だから
好きなものを食べてもオッケー」にしています。
摂りすぎたカロリーは翌日から
リセットすれば問題ないと思うんです。

RULE : 2　一汁三菜で胃腸を休めながらカロリーをセーブ

食べ過ぎた日の翌日は朝晩の食事を
一汁三菜の食事に。お米は少しにして
お味噌汁、魚、酢の物、煮物を添えて。
お昼はサラダだけにすると、体が一気に
軽くなります。一人で過ごす時間はダイエットの
チャンス。そこでカロリーを調整するクセを
つけるとここぞのときの食事が楽しくなります。
自炊は好きで、ぬか床まで作っているほど。
自分で料理をするときは、調味料をなるべく
薄口にして塩分とカロリーが
セーブできるように気をつけています。

RULE : 3　自分に合う食生活をチョイスする

過去に糖質制限をしたことがあったんですね。
でも私には合わなかったみたいで、
おなかが張って、お通じも滞ってしまって。
お米を食べるようにしたらたちまち体調が改善。
流行っているものが必ずしも自分に合うとは
限らないので、選び取る力を培うことも大事です。
10代の頃はお豆腐を食べるだけ、とか、
バナナを食べるだけ、とか。それこそ極端な
食事制限にトライしたこともあったけど、全部失敗。
それにこれは私の持論なんですが、結局、
バランスよくいろいろなものを口にするのが
一番体のためになる気がします。

RULE : 4　お水と仲良く手を繋ぐ

朝起きて一番最初に口にするのは白湯。
お湯が体内を巡る感じがすごく気持ちいいし、
体が芯から温まってエンジンがかかる気が
するんです。お水は1日2L以上飲むように意識。
体の巡りが良くなるし、ドカ食いも防げて
一石二鳥。冷えを招かないように必ず常温で。

RULE : 5　栄養価の高い旬の食材を積極的に

その季節の旬のものを口にするように
しています。栄養価が高いのはもちろん、
味がしっかりしているんです。
野菜は生野菜より蒸したり
焼いたりする方がたくさん食べられるので、
調理の工夫をしています。

RULE : 6　ベッドに入るときは胃の中をからっぽに

就寝するとき胃の中をからっぽにしておくと
余計な脂肪を溜め込むのを防ぐことができるので、
夕食は19時くらいまでには済ませたいところ。
最後の食事からベッドに入るまでの
時間は最低でも3時間空けるように意識。

RULE : 7　おやつはおにぎり!

間食はできたらしないほうがいいけれど、
隙間時間にどうしてもおなかが空いてしまう
こと、ありますよね。そんなとき私が口にする
のはおにぎり。ジャンクフードやスナックより
お米の方が断然ヘルシーだと思いませんか?
ちなみに、好きな具材は明太子です。

RULE : 8　良質なたんぱく質を摂取する

トレーニングがある日もない日も
プロテインは毎日飲むようにしています。
良質なタンパク質は筋肉だけじゃなく
キレイな肌と髪も育んでくれるから、
いいこと尽くし。

RULE : 9　サプリの力を借りる

すべての栄養素を食事から
摂れたら素晴らしいけれど、なかなかそうも
いかないですよね。そんなとき、味方を
してくれるのがサプリ。自分に足りないものを
効率良く摂取することができるので
心の底から感謝しています。

1. JOVY SOWAKA 天然植物由来のLアミノ酸。水で割って携帯して、日中ちょこちょこ飲んでいます。トレーニング中に飲むと運動効率がアップ。さっぱりとしたオレンジ味で飲みやすい。**2. Dr.TAKAKO's Supplement the Fe／TAKAKO STYLE** ヘム鉄を高濃度で配合したカプセルは、貧血防止に。月経により不足しがちな鉄分をチャージすることは冷えやむくみの軽減にもつながります。**3. Dr.TAKAKO's Supplement the Zn／TAKAKO STYLE** 肌のバリア機能を高めたり、健やかで美しい髪へと導いてくれる亜鉛のカプセル。血液検査をしたら亜鉛の数値が低かったので効率よくチャージ。**4. SPIC Lipo-C** ビタミンCをリポソーム化することにより長く体内に留まり、しっかりと細胞に届けてくれる。肌色がトーンアップするし体も元気になるので、1年前くらいから毎日欠かさず飲んでいます。個包装で持ち歩きやすいのも便利。

INTERVIEW WITH

YUKA HOSHINO

ストイックな私と並走してくれるプロ意識に感謝

ピラティスとIMAC（可動域で体のバランスを評価する方法）を融合したオリジナルのセッションで
私のボディメイクを応援してくれる星野由香先生。スタイルキープに欠かせないコアを鍛えて
均整のとれた体作りを叶えてくれる立役者です。

絢　星野先生とはもう長いお付き合いになるんですよね。でも仕事でバタバタしていたらなかなか通えなくて。そうこうしているうちに、友達がものすごく痩せてキレイになってたんですよ。「どうやってそんなに体がスッキリしたの?」って聞いたら先生のお名前が出てきて。次の日には連絡を入れていました。

星野　そうそう、そうだったね。たしかドラマの出演が決まって……。

絢　ドラマ『ミストレス』でジムのトレーナーの役だったんですよ。だから、役作りで引き締めたかったんです。

星野　あの時は週3～4回きてくれてたよね。絢ちゃんは一度やると決めたら本当にストイックで、感心しちゃう（笑）。

絢　あの頃は1時間のトレーニングのうち半分くらいがマッサージでしたよね。行くたびにすごく癒されてました。あのセッションも好きだったんですが、一年前くらいから受けられるメソッドが変わりましたよね。今は60分の内訳がトレーニング9割、リラックス1割になったと認識していますが、実際にはどうですか?

星野　はい、その通り。今はピラティスと『I-MAC（Integrative Movement Assessment）』というトレーニングを組み合わせたセッションにしているんだよね。

絢　私、そんなに難しそうな名前のトレーニングをしてるんですか?

YUKA HOSHINO

パーソナルトレーナー。「Fitness Life Plan」を主宰。
多くのモデルやタレントのボディメンテナンスを手がける。
東京都目黒区上目黒1-3-11 YES BLDG. 3F
HP：yukahoshino222.amebaownd .com

星野　あはは（笑）。要は体の歪みを整えながら関節の可動域を広げてバランスが取れている状態を目指してるっていうことなんだよね。体は本来、生理的機能も筋肉も適切に動くようにできているんだけど、生活を送っている中でどこかしら歪みが生じるとままならなくなる。負荷がかかる部分の筋肉がやけに発達したりすることで不調やスタイルダウンの原因につながることが最近の研究で明らかになったんだって。そのIMACのメソッドを適応しながら、ピラティスでインナーマッスルにアプローチをかけてるわけです。

絢　先生は本当に勉強熱心ですよね。世界中のボディメイクの最新情報を常にチェックしていて、フレキシブルに取り入れて、バージョンアップしていく姿勢にいつも感動してるし、だからこそ信頼してついていけるんです。

星野　ありがとう！　そんな風に言ってもらえてうれしいです。

絢　前は筋トレ＝アウターの筋肉を鍛えるみたいな意識がどうしてもあって。しかも、私、筋肉がつきやすい体質なのでトレーニングするほど筋肉質になっていってしまうのが悩みだったんですよね。

星野　クラッシックバレエを習っていたから身体が柔らかくて開脚はキレイにできたりするのに、胸椎や背骨がすごく硬かったよね。もしかしたら、当時の筋トレが合っていなかったのかなって思うところもあって。

絢　そうかもしれません。先生のところに通うようになってから、関節の動きがスムーズになったし、それに比例して体のコアの部分が鍛えられて、女性らしいしなやかなボディラインに近づけるようになった気がします。あと、顔もちっちゃくなった気がするんです（笑）。

星野　それもIMACで首の下にある舌骨筋の動きが良くないことがわかって鍛えた成果が出たんだと思う。

絢　それから、星野先生は私の性格や体質を考慮した上で食生活のアドバイスをしてくれる。その部分でもすごく助けられているんです。糖質制限で不調になったときも助けてくれましたよね。

星野　もちろん、糖質制限が合う方もいらっしゃるんだけどね。でも、絢ちゃんから食生活と体調の話を聞いていたら、絶対に炭水化物や野菜をきちんと摂りながら定期的にトレーニングをする方が合ってるって思ったんですよ。

絢　はい、大正解でした。今は一汁三菜が中心の食生活ですごく調子が良くて。大好きなおにぎりも食べられるからストレスも溜まらないの。

星野　良かった！　それにしてもこの本の撮影でモナコに旅立つ前はほぼ毎日会ってたよね（笑）。みるみるしなやかなボディラインができあがっていって、バストアップまで成し遂げたときには、トレーナー冥利につきました！　一般的にアンダーウェアに頼らないと叶えられないと思われている"寄せて上げて"が自分でできるようになったよね。素晴らしいです。

絢　そうなんです。28歳になって胸の形が変わることに驚きました。でもそのおかげで、撮影のときノーブラでもバストが上がったままで、すごく自信を持ってカメラの前に立てた自分がいたんです。以前は水着や背中が空いている洋服を着るとき、スタイリストさんに「私、ヌーブラしなくて大丈夫でしょうか……？」って不安気に聞いていたんですけど、モナコでは「ノーブラで大丈夫です」って自分から言ってましたから。それにしてもあの頃の先生はいつもにも増してスパルタでしたよね。そういうところが私の性格と合うんですけど（笑）。

星野　こちらもプロとして、本気で絢ちゃんの体を仕上げなきゃって必死だったからね。いつもは弱音を吐かない絢ちゃんが「もう辛すぎます」って言うたびに「私だって優しくしたい。でも、仕事なんでしょ！」なんて言いながら。歯を食いしばりながら必死でついてくる絢ちゃんを見ていたら、根性しかないなって感動すら覚えました。本当はその時点ですでにパーフェクトに近い状態だったんだけど、そこからもっと高いとこを目指す絢ちゃんの気持ちに少しでも寄り添いたいと思ったんだよね。

絢　星野先生の私のことを叱咤激励しながら一緒に駆け抜けてくれるところが本当に大好きです。

星野　この本の撮影を経て絢ちゃんのスタイルはほぼ完成系のように見えるけど、この先の目標はあるの？

絢　基本的に今のコンディションがキープできたらいいなというのが大前提としてありますけど、これだけ努力してもコリが抜けないとか、顔が下がってくるとかまだまだ自分の中で課題もあって。どんなにストレスが溜まっても凝り固まらない私に生まれ変わりたいです。

星野　リクエスト、了解！　私も絢ちゃんの期待に応えられるように、これからも自分自身のブラッシュアップ、がんばります。

絢　ありがとうございます。ビシビシご指導してくださいね。

CHAPTER 3

MAKEUP

メイクは心を前に向けるための魔法

年齢を重ねるにつれ、メイクが楽しいと思えるようになりました。若い頃は日焼け止めを塗ったら、それで終了。ほぼすっぴんで過ごしていたけれど、今はメイクにたくさん背中を押してもらっている私がいて。

例えば、友達から「そのメイクかわいい」って言ってもらえたらそれだけで幸せな気持ちが積み重なる。ファッションとのリンクでおしゃれの幅も広がって、女性に生まれて良かったと思える瞬間が増えて。メイクがうまくいくと心が自然と前を向けるから、不思議です。

トレンドを追いかけるのも楽しいけれど、大人の階段を登り始めた今の目標はその年齢で一番キレイに見える仕上がりを見つけることです。

Base Makeup

“美素肌”の演出がキーワード

ベースメイクは素肌の美しさが透けて見えるようなナチュラル感を大切にしています。仕上がりのカギを握るのは何と言っても下地。色味やテクスチャーが違うものをいくつか持っていて、その日のコンディションで使い分けています。

乾燥が深刻なときは少しだけオイルをブレンドしてしっとり感を高めることも。下地で肌色を補整したら、コンシーラーで気になる部分だけピンポイントでカバーして、お粉をうすーく重ねてフィニッシュ。お粉はつけすぎるとシワに入り込んでしまうので、大人になるほど、うすくまとうのが正解だと思います。ファンデーションはパーティなど肌を端正にしたいときだけプラス。

自分の肌を本当に美しく整えてくれるものに出合いたいので商品選びは念入りに。購入前に必ずテスターを試します。

AYA'S RULE :

1. 下地はその日の肌の様子と向き合って
ジャストな色と質感のものをチョイス
2. あれこれ塗り重ねず、必要な部分に
必要なものを最低限だけ。
3. 薄づきで、様になるよう、日頃から
スキンケアを念入りにして土台を整える

Elégance

**LA POUDRE HAUTE NUANCE I
／Elégance Cosmetics**

5色のペールカラーをブレンドして
ふわっとまとうだけで肌色をトーンアップしながらキメを整列。目の下に塗っても
小じわに入り込まないのが本当に優秀。
薄型のコンパクトタイプなので
お直し用に携帯。

YVES SAINT LAURENT

**TOUCHE ÉCLAT RADIANT TOUCH 2
／YVES SAINT LAURENT BEAUTÉ**

ひと筆で気になるクマやくすみをカバーして美素肌をアピール。
透明感のある発色でハイライト効果も。重ねてもヨレにくく
コンパクトなのでこちらもお直しに重宝しています。

(1)
TOM FORD BEAUTY

TRACELESS TOUCH FOUNDATION
SPF 45／PA++++
SATIN-MATTE COMPACT

付属のパフにとって肌の上に置いていくような
感覚でなじませるとツヤを讃えたフローレススキンに。
少量で均一な肌に仕上がる上に肌にピタッと
密着してくれるところも素晴らしい。
普段はもちろん、旅先にも連れて行ってます。

(2)
WHOMEE

CUSHION UV COMPACT
SPF50+・PA++++／Clue

紫外線や外的刺激から
肌を守りながら透明感を仕込める
クッションタイプのミルクみたいな下地。
UVカットできるしコレだけで
カバー力もある上に、汗をかいても
落ちにくい。夏のパートナーです。

(3)
EXCIA AL

REVISION LIFT COLOR PK100
SPF20・PA++／ALBION

肌印象を優しげにトーンアップしてフレッシュな
印象へと導くピンク色の下地。ちょっとした
シミやニキビ跡は余裕で隠してくれるので、
肌の調子がいいときはベースメイクをコレ1つで
完成させることもあるくらい。ストレッチ感があるから
どんなに表情豊かでも崩れにくい。
より透明感を出したい日のためにパープル
（PU600）も持っています。

(4)
MiMC

Mineral Powder Veil 01

毛穴をソフトフォーカスして肌をハーフマットな
質感にスイッチ。5種類のナチュラルミネラルパウダーで
できているから肌がごきげん斜めの日も安心して使える。
春夏は顔全体にさらっと、
寒い季節は輪郭にだけ塗っています。

(5)
YVES SAINT LAURENT

ENCRE DE PEAU LE CUSHION
SPF23・PA+++
／YVES SAINT LAURENT BEAUTÉ

肌の内側から発光するような
ツヤ肌を演出。ナチュラルなのに
毛穴までカモフラしてくれる
絶妙なカバー力も私の好み。
うすーくまとうだけで肌の
印象も表情も華やかに
仕立ててくれる名品です。

(6)
Lancôme

UV EXPERT TONE UP ROSE
SPF50+・PA++++

肌になじませた瞬間気になる
黄ぐすみを払って肌をほんのり上気
させてくれるペールピンク色の下地。
みずみずしく軽やかなテクスチャーで
ツヤ感も演出。ファンデーションを
重ねずにコレだけ塗って
仕上げることもしばしば。外的環境から
肌を守ってくれる効果も◎。

(7)
Elégance

MODELING COLOR UP
BASE UV GR440 SPF40・PA+++
(2020.2.17 Release)
／Elégance Cosmetics

赤みやニキビ跡をもともとなかったみたいに
してくれるグリーンのコントロールカラー。
トレーニングを始めたら血行が良くなり、
赤みが出やすくなったので手放せなくなりました。
肌なじみのいい下地を顔全体に塗って
肌色を補整したあと気になる部分に
ピンポイントで重ねることが多いです。

(8)
DIOR

DIOR BACKSTAGE
Face Glow Palette 001
／PARFUMS CHRISTIAN DIOR

ハイライト、シェーディング、チークとして
マルチに使えるフェイスパウダー。
グロウな質感がワンランク上の肌を叶えて
くれる。アイシャドウとして使うこともあります。

(9)
Frantsila

Natural R Concealer

クマやくすみをカバーしながら肌にうるおいまで与えてくれる
トリートメントコンシーラー。2色をブレンドすることで自分の
肌色にジャストマッチな色を作れるところも便利。
配合されている成分が植物性でナチュラルだから皮膚がうすく
デリケートなまぶたやニキビの上にのせても安心。ポーチにいつでもイン。

C.O Bigelow

My Favorite Night Balm ／F.G.J
本来は夜寝る前に唇に塗って使うバームだけどあまりに保湿力が高いので日中もヘビロテ。コレで唇のベースを整えてあげると重ねるリップの発色がキレイに。あまりに好きすぎて何度も友達にプレゼントしているほど。

Point Makeup

AYA'S RULE :

1
アイメイクはマスカラ＆ラインレス。アイシャドウさえ、さらっとシンプルに
2
トレンド感や印象チェンジはリップに頼る
3
新色コスメをこまめにチェックして旬の表情にアップデート

Celvoke

Enthrall Gloss 09
そのままで濡れツヤ感を楽しんでも手持ちのリップに重ねてニュアンスチェンジを狙ってもOKなオーロラ色のリップグロス。ひまわりやオリーブなど植物オイルを配合。99%以上ナチュラル処方。立体感もバッチリ。

THE PUBLIC ORGANIC

ESSENTIAL OIL COLOR LIP STICK NOBLE ORANGE
100%天然成分。エコサート認証を取得したスペックでありながら見たままキレイに発色。ヴィンテージライクなテラコッタオレンジはテクいらずでお洒落な顔つきになれるのが魅力。精油ブレンドの香りが塗り直すたびに心をほぐしてくれます。

Yes、リップホリック♡

メイクで一番気合いを入れるパーツはリップ。さっと塗るだけで雰囲気が変えられるのが楽しくて、つい集めてしまいます。TPOや気分に合わせてジャストマッチな色や質感を選びたいから、バッグの中にはいつも表情違いのリップが4〜5本スタンバイ。落ちないリップとそのときの気分のカラーを持ち歩くことが多いです。唇にポイントを置く分、その他のパーツは引き算。印象がトゥーマッチにならないよう、マスカラ、アイライナー、チークは使いません。アイシャドウはトレンドカラーをまといながらどこかエフォートレスに仕上げるのが好き。

(1)
EXCIA AL

CREATIVE EYE COLOR 15
／ALBION

モーヴブラウンのハーモニーが
センシュアルなまなざしを思いのままに。
重ねてもくすまず、洗練された
グラデーションが楽しめます。

(2)
LUNASOL

GLAM WINK 01／KANEBO COSMETICS

まぶたをツヤっと彩って立体感を宿す、
オイルベースのアイシャドウ。どこかノスタルジックな
ダスクオレンジは温かみがありながらも
ブラウンの延長線上で使えるのに抜け感が
出せるところがお気に入り。

(3)
GIVENCHY

PRISME
QUARTET 3
／PARFUMS
GIVENCHY

パールが楽しげに踊る4つのグリッターカラーをセット。
ダークトーンのコーデやパーティ、厚手のニットを着る日など
表情を華やかにしたい日に指名することが多いです。
トゥーマッチにならないようピンクやパープルは
下まぶただけに効かせます。締め色を
目尻のキワにライン使いするのも
お洒落だと思う。

(4)
Dior

ROUGE DIOR ULTRA LIQUID 786
／PARFUMS CHRISTIAN DIOR

ローズウッドのリキッドルージュ。マットな質感でありながら
驚くほど軽やかで唇の上をスルスル。うるおいも与えてくれる。
しっかり塗っても無重力感があるんです。

(5)
Dior

DIOR ADDICT LIP GLOW 001／PARFUMS CHRISTIAN DIOR

私だけのピンクに色づいてくれるグロウな質感のリップバームは
ミラーレスで塗れるところが素敵。うるおいリッチで
頼れるからいつでもポケットに入れています。

(6)
DECORTÉ

EYE GLOW GEM
上・BR381
中・BE387
下・PK881

指でパパッとなじませるだけで
濡れツヤまぶたが楽しめるアイカラー。
まぶたにピタッと密着して
二重の隙間にたまりにくいのが優秀。
ワンタッチでまなざしに
深みが出るのにやりすぎ感はゼロ。
アイメイクが簡単にキマるから、
ブラウン、ベージュ、
コーラルピンクを3色大人買い。

(7)
SUQQU

MOISTURE RICH LIPSTICK 12

コクがありながらも柔らかな
ムードを帯びたマロンブラウン。
ほのかな黄味が肌色との
親和性を高めながら透明感も
アップ。みずみずしい質感。

(8)
YVES SAINT LAURENT

ROUGE VOLUPTE SHINE 80

どこまでも心地よくとろけるような
テクスチャーにうっとり。リュクスなツヤ感で
魅了するブラウンレッドはリップを
ヒロインにしたい日に。美容成分配合で
唇がうるおいっぱなしなところもいい。

(9)
MAYBELLINE NEW YORK

SUPER STAY MATTE INK 130

一度つけたらどんなにおしゃべりしても
食事をしても落ちずにステイ。
塗り直しの必要がないので会食や
女子会の日はきまってコレ。
マットなブラウンオレンジが表情を
スタイリッシュにしてくれます。

(1) AVEDA damage remedy daily hair repair

髪の内部を芯まで補修しながら表面をつるんとコーディング。
毛先までうるおいで満たしてくれる洗い流さないタイプの
トリートメント。熱によるダメージやスタイリングの摩擦から
髪を守ってくれるはたらきも。毛先まですとんとまとまるのに軽やか。
ちょっぴりエキゾチックな香りも私の好みです。

(2) Moii oil Lady absolute／ルベル／タカラベルモント

100%自然由来成分でできたオイルは髪にも肌にもマルチに使える。
ツヤを与えてくれるのにつけ心地はあくまで軽やか。
アイロンでカールをつけてからなじませると、適度な束感を
演出しながら動きをキープしてくれるから、
スタイリング剤として愛用。イランイランやラベンダーが
手を繋いだエキゾチックフローラルの香りも好き。

(3) YVES SAINT LAURENT MON PARIS HAIR MIST

ストロベリーやラズベリー、ペアーがはじける
ジューシーでフルーティな香りはどこまでもピュアでいて、どこか官能的。
あくまでさりげなく香りをまといたいとき、手にスプレーしてから
手ぐしでさっとなじませます。風が髪を揺らしたときや接近したときに
ふわっと香るくらいがいいかなって。

(4) ELECTRON SCALP TREATMENT
／GM コーポレーション

電子水をベースに美容成分を配合した頭皮用トリートメント。
ヘアサイクルを狂わせる原因のひとつ"活性酸素"に働きかけて、
しっとりふかふかの健やかな頭皮へと導いてくれる。6プッシュ手に出したら、
マッサージしながら頭皮全体にまんべんなくなじませて。
デンキバリブラシとセットで使うとより高い効果が期待できる気がします。

(5) PLATINUM DROP by air VEIL OIL
／air entertainment.inc

ドライヤーで乾かす前にタオルドライした後の濡れ髪になじませることで
熱によるダメージから髪をプロテクト。天然植物オイルが髪をうるおいの
ヴェールでコーティングして毛先までまとまりの良い髪に。
カラーリングした直後などダメージが気になるときの補修役として大活躍。
ちょっぴり重めに仕上がるので、ダウンスタイルを
楽しみたい日にも投入することが多いです。

AYA'S RULE：

1. 一ヶ月に1回、サロントリートメントで
   ダメージをディープに補修
2. 帽子やUVカットスプレーで日中の
   紫外線によるダメージから
   髪をプロテクト
3. 美しい髪の土台は健やかな頭皮
   スカルプケアを積極的に取り入れる

CHAPTER 4

HAIR CARE

洗いざらした瞬間からキレイな髪でありたい

素髪がキレイだと、シンプルなダウンスタイルも、ニュアンスのあるスタイルもサマになるので、とにかくベースケアが重要。
髪にツヤがあると肌色がフレッシュに見えるので、大人こそ基本のお手入れを見直す必要がある気がしています。
ヘアスタイルに関しては、ごめんなさい！ あんまりこだわりがないんです(笑)。
担当していただいているRougyの薫森正義さんのセンスにおまかせ。

CHAPTER 5

FRAGRANCE

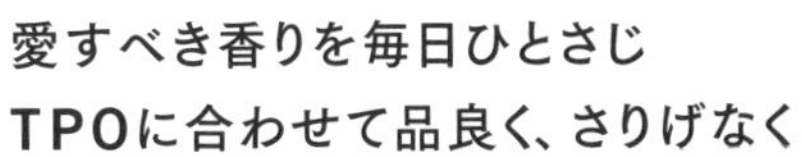

愛すべき香りを毎日ひとさじ
TPOに合わせて品良く、さりげなく

愛おしい香りはまとうだけで高揚感を運んできてくれるので、
私の毎日にフレグランスは欠かせません。シチュエーションや
その日のファッションに合わせてコーディネートする時間も
私の日常における密やかな楽しみ。つけるときはエチケットを重視。
香りは人によって得手不得手もある上に、あまり強すぎると
食事の邪魔になってしまうこともあるので、
動いたときにふわっと香るくらいさりげなくまとうようにしています。
手首にワンプッシュつけたら反対側の手首を重ねてなじませて、
その手首を首元へトントン。

（1） TOM FORD BEAUTY

LOST CHERRY EAU DE PARFUM

禁断の果実をモチーフに甘美と
誘惑を表現した官能的なチェリーの香りは
まるで大人の恋を物語っているかのような
ときめきでいっぱい。可愛げがあるのに
きちんと大人っぽいからこの先もずっと愛用したい。

（2） Chloé

L'EAU EAU DE TOILETTE／Bluebell Japan

ローズをベースにマグノリアが輝きを添える
甘く、優しい香り。華やかでありながらエフォートレスな
ムードのフローラルが大人の可愛げを授けてくれます。
いつもよりおめかしして出かけたい日に指名。

（3） CHANEL

No5 EAU DE PARFUM（本人私物）

デイリーに愛用しているのがこのフレグランス。
主張があるのに奥ゆかしくて、エレガント。
私にとって、女性に生まれてきた喜びを
感じさせてくれるエターナルな香り。
ボトルを手にするだけで背筋が伸びます。

（4） Dior

j'adore EAU DE PARFUM／PARFUMS CHRISTIAN DIOR

存在感のある香りは大勢の人が集まるパーティシーンで愛用。
様々な香りが混ざり合う中でも香りを自分らしく
たしなんでいることをアピールできる気がするんです。

（5） AERIN

LILAC PATH EAU DE PARFUM／ESTEĒ LAUDER

儚くてまばゆいライラックが主役のビターな香りは
大人っぽいムード。パンツルックなど凛としたコーデと相思相愛。
まとうだけで女性らしさを演出できます。

INTERVIEW WITH

YUMIKO MURATA

ボディメイクの概念を180°変えてくれた恩人

20代後半に差し掛かり、女性らしいしなやかなボディラインを目指したいと思い始めていた矢先に出会った村田先生。
それまでワークアウトに勤しんでいた私にとって先生のレッスンはすべてが目から鱗。
そのおかげで愛すべき今の私がいます。

絢　先生に初めてお目にかかったのは2018年の12月。忘れもしない『林先生の初耳学』のテレビ収録で先生のメソッドの解説を聞いて「これ、まさに今私が求めていたこと」って思って興奮してしまって。

村田　そうだったね。あのとき、私のメソッドの何がそんなに響いたの?

絢　それまで私、とにかくワークアウトで体を鍛えてボディラインを保っていたんです。そしたらどんどん筋肉質になってしまって「もっと女性らしいしなやかなボディラインを目指したい」って悶々としていたんですよ。その矢先に出会ったので、運命としか思えなくて。

村田　まるで、恋に落ちたみたいな言い方するね(笑)。

絢　それに近いものがあったかもしれないです。筋トレをしないで理想のボディラインにアプローチしていくのも目から鱗だったし、「膣トレってどういうトレーニングなの?」って思ったら先生のメソッドを知りたい気持ちがますます止まらなくなって。先生のBefore→Afterも説得力しかないし。

村田　もともと私はぽっちゃりだったし、足も太かったの。体は引き締めたいけど筋トレしてごつい体になるのはイヤで。どの面から見ても美しい3Dボディになりたいって思ったところから研究に研究を重ねてたどり着いたのが『YumiCoreBody』のメソッドなんだよね。

絢　「私の目標もこれだ!」って思って。思い立ったらすぐに行動するタイ

YUMIKO MURATA

筋トレではなく体をほぐすセルフ整体で理想のボディにアプローチをかけ、
体の不調まで改善する『YumiCoreBody』を主宰。“くびれ母ちゃん”の異名を持つ大人気コアトレーナー。
『くびれ母ちゃんのゆるめるカラダ』（扶桑社）など著書も軒並み大ヒット。
スタジオの詳細は HP：http://yumicorebody.com

プなので、番組の収録終わりの挨拶のときに「今度レッスンを受けさせてください」って直談判（笑）。

村田　あの日を境に今は週に1〜2回のペースで会っているよね。

絢　はい。体がどんどんいい方向に変われている実感があるから、本音を言えば毎日通いたいくらいです。

村田　初めて会ったときは本当に姿勢が悪くてびっくり。正しく使われるべき部分がひとつも使われていない体だなって（笑）。一般の方から見たら「スタイルいいね」で終わる話だと思うんだけど、私の観点からすると直したいところだらけで。

絢　そんなにひどかったですか？

村田　ひどいというか心配になったかな。骨格がアンバランスなのに腹筋は付いているから、肩とか腰に負担がかかっているんじゃないかと思って。

絢　実際問題、そうでした。

村田　最初はとにかく、凝り固まっているところをほぐしてもらうとこから始めてもらって。

絢　懐かしい。レッスンをスタートして最初の1ヶ月半はひたすらボールでほぐしているだけでしたよね？

村田　コリがほぐれて初めて姿勢を正すためのスタートラインに立てるわけだから、そこはもう徹底的にやってもらうしかなかったんだよね。

絢　今では、その筋膜リリースのボールを四六時中、体の上にコロコロさせてます。ほぐしてないと落ち着かない体になってしまいました。

村田　ほぐしは本当に重要。その”ながらほぐし“の習慣が絢ちゃんの全てを変えたと言っても過言ではないと私は思う。

絢　そのあとようやく姿勢をなおすステージになったんだけど、私の中で姿勢を正す＝胸を張るみたいな固定観念があって。それですっかり反り腰がクセになってたんですよね。

村田　反り腰だと背骨が出っ張っちゃうし、首が前に出ちゃうし、呼吸も浅くなるしで、もう大変（笑）。

絢　ひとつクリアするとまたひとつ新たな課題が生まれて、姿勢を正すことの奥深さが計り知れなくて。あの頃は出口の見えないトンネルの中を歩いているような感覚でした。今でこそできるようになったけど、最初は先生に「アウターマッスルを使っちゃダメ」って言われるともうパニック。おなかをぺたんこにするトレーニングのときもおなかを凹ませるために筋肉に力を入れるのがNGなのに、クセでつい入っちゃうし……。

村田　筋トレでアウターの筋肉を鍛えていた人が私のメソッドで3Dボディを目指すとき、一番難しいのがそこなんだよね。

絢　「おなかに力を入れないで膣を上に持ち上げて」って言われてもピンとこないじゃないですか。でもそれが徐々に頭の中でイメージできるようになったときから、私の中のスイッチが変わった。通い始めて3ヶ月くらい経った頃から、脳と体がリンクして、細部までどんどん自由に動かせるようになりました。

村田　結局、筋肉をやみくもに鍛えることより、体を使うための脳を鍛える方がスタイルアップには100万倍効果的だと私は思っていて。頭を使って体を動かせば、歩けば歩くほどおなかが柔らかくなったり、体が柔軟になったりするの。ちょうどその頃「何を食べても太らなくなった」って言ってくれたのがすごくうれしくて。

絢　そうそう。変化の予兆として、お通じがめちゃくちゃ良くなって。

村田　それは内臓がほぐれた証拠。健康の証。歪みや滞りのない健康な骨格を手に入れると、自然と理想のスタイルに近づける。絢ちゃんの努力の賜物です!!

絢　ありがとうございます。根気強く続けてよかったです（笑）。今の私、どのくらい成長できました？

村田　300%！　背骨という軸をしっかり通した上で、他はしっかりほぐれてゆるゆる。あんなに四角かったおなかが彫刻のようにくびれたし、もうパーフェクトとしか言いようがない。今一番カラダがキレイな女優さんだと思います。

絢　めちゃくちゃ毒舌な先生に褒められる日が来るなんて（笑）。

村田　絢ちゃんには毒舌封印です!!　毒舌というか、正直なだけだから（笑）。

絢　先生のそういうところが大好きなんですよね。普段の雑誌の撮影の現場では、お世辞でも「キレイだね」「スタイルいいね」って褒めてもらえますが、先生のところに行くと「これがダメ、ここもダメ」ってダメ出しばっかりされて。でもそれって愛の鞭じゃないですか。実際には私の体のことをすっごく考えてくれているんだってうれしくなるんです。これからもよろしくお願いします。

村田　よく熱血だよねって言われます。（笑）。絢ちゃんのその気持ちはうれしいけど、私のところはどんどん卒業しなきゃ！　レッスンに通わなくても私が指導したことが普段の生活で実践できたら、それがゴール。あとは呼吸するだけでキープできます。

絢　先生に認めてもらえて卒業できるのはうれしいけど、レッスンに通わなくなって会えなくなるのは寂しいな……。

村田　何言ってるの！　この「さよなら」は私からの愛の言葉。お願いだから、笑顔で卒業してね。

CHAPTER 6

FASHION

目指したいのはミニマムリッチな着こなし

いつでも自分が心から好きだと思えるものを着ていたい。30代を意識するようになった少し前から自然とそう思うようになりました。トレンドはもちろん気になるけれど、今の私には上質でずっと着続けられるものと出合うことの方がずっと大切。人生のパートナーになってくれるものをきちんと見極めて、必要な分だけ少しずつ買い足しながら、審美眼を磨いていきたいと思います。

HOTEL de PARIS

ITEM : 1

一生モノのトレンチコートを手に入れる

トレンチコートの存在はトレンドを超えて、永遠の定番。

シーズンレスで着られてどんな着こなしにも合うのでひとつ持っておくと重宝します。だからこそ、飽きのこない上質なものを手に入れておきたいと思うようになりました。

私が憧れているのは『バーバリー』。ウエストミンスターのエクストラロングシルエットはカチッとしているのに女性らしくて、ブランドを象徴するタータンチェックの裏地も素敵。一緒に歳を重ねていきたいです。

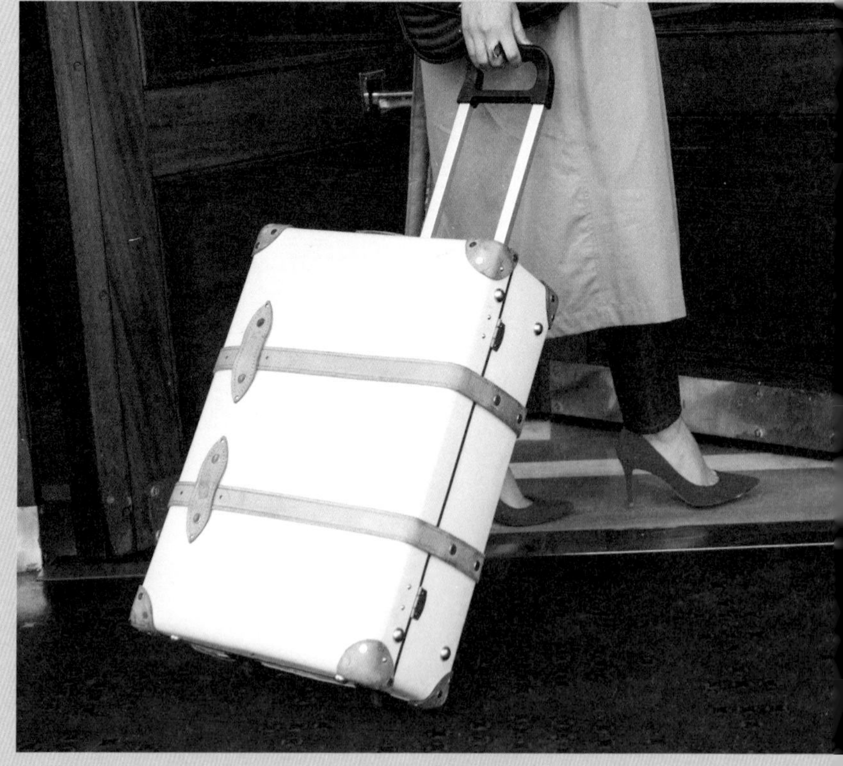

ITEM : 2

人生を一緒に旅するスーツケースに出合う

大事な旅の思い出を一緒に刻んでいけるスーツケースはクラシカルで使うほどに味が出るものに惹かれます。

例えばこんな『グローブ・トロッター』のスーツケースもウィッシュリストに名を刻んでいるもののひとつ。1897年の創業当時から変わることなく、ひとつひとつ職人さんに丹精込めて手作りされているロングセラー。インテリアとしても様になります。

ITEM : 3

洗練シンプルで上質なジュエリーを

どこまでもシンプルでいて輝きと存在感を放ってくれる一粒ダイヤモンドやパールのピアス。シンプルだからこそ、どんなに時を経ても愛おしむことができそうな気がします。

洋服がシンプルな日に女性らしさを添えてくれるところも素晴らしい。それだけでも品良く華やかでありながら、他のジュエリーとも相思相愛。

デイリーにもお呼ばれにもシーンを選ばず活躍してくれる汎用性の高いアクセサリーだからこそ、本当に品質の良いものに巡り合いたいです。

ITEM : 4

女性らしさを引き立ててくれる優美なパンプス

洗練されたシンプルなデザインを選びたいパンプス。研ぎ澄まされたシルエットで足を入れるだけで美脚になれてどこまでも歩いて行けそうなほど足取りが軽やか。そんなパンプスが手元にあるだけで女性として胸を張って生きていける気がします。何より、素敵なパンプスは素敵な場所に誘ってくれる。そんな気がしませんか?

ITEM : 5

ブラックドレスを
ワードローブにおひとつ

タイムレスなデザインでどんなシーンでも活躍してくれるブラックドレス。

まとうだけで自信を授けてくれる私にとって魔法みたいなワードローブでもあります。合わせるジュエリーやパンプスで表情をくるくる変えてくれるからこそデザインはとても大切。

シルエットの美しさと素材の質を追求しながら、時を越えて身につけることができる一着を選びたい。

INTERVIEW WITH

NOZOMI SASAKI

出会った瞬間から、運命共同体だったかも

モデルとしても、女優としても、一人の女性としても。私より少しだけ前を歩いてくれる“のんちゃん”こと
佐々木希さんはプライベートで大親友。価値観も似通うのんちゃんと未来予想図を描くスペシャル対談、スタート。

絢　のんちゃんのことはもうずっと昔から知っている気がするのに、知り合ってからまだ６年しか経っていないんだよね。なんだか不思議。

希　仲良くなったきっかけはたしか私が『non-no』を卒業するタイミングだったよね？　絢のお誕生日がちょうど近いということもあって、卒業とお誕生日を一緒にお祝いしてもらえることになって。あのときに一気に距離が縮んだことを今でも昨日のことのように覚えてる。

絢　お酒が飲めるとか共通点もたくさんあったし、テンションも似ていて、初対面から居心地が良くて。

希　それからちょこちょこ食事に出かけるようになって、気づいたらいつも隣にいる存在になってた。

絢　私からするとのんちゃんは友達であると同時に人生の先輩でもあるわけで。人生において私より少し先を歩いているのんちゃんが「25歳のときはこういうことをしておいたほうがいいよ」とか「30歳になったらこんなことが待ち受けているんだよ」とか、良いことも悪いことも全部教えてくれるから、安心して年齢を重ねていけるし、未来が楽しみ。

希　私、そんなアドバイスみたいなこと話してた？

絢　めちゃくちゃ話してくれてたよ。痩せにくくなるとか、肌が曲がり角になるとか、人間ドックに行ったほうがいいとか！　３年前くらいは会うたびに「人間ドックに行って」って言われてたよ（笑）。

希　それは覚えてる。私、ものすごく心配性なの。大事な人には絶対にずっと健康でいて長生きして欲しいから、「若いうちに行くのに越したことはない。頼むから行ってくれ」って本気で思っていて。何かあってからじゃ遅いから、病気になる前に診てもらってほしくて。

絢　それで、私も素直に行ったんだよね。そしたらやっぱり安心で。今では30歳くらいで人間ドックに行ったことがないっていう人に会うと「え？　まだ行ってないの？　私、25歳から行っているのに」って誇らしげに勧めています。

希　いいと思う！

絢　私たち、顔を合わせると健康の話ばっかりしているもんね。

希　そうなの。この本を手にしてくださっている絢のファンの皆さん、おばあちゃんみたいなトークでごめんなさい。でも、結局、健康を維持していると自ずと肌の調子も良くなるんだなって思っていて。美容に関してはあまり詳しくないから、絢に教えてもらってばっかりなんだけど。化粧品にしてもサプリにしても、本当に詳しいよね。オススメしてもらったものをすぐに購入しています。

絢　のんちゃん、こんなに肌がキレイなのが信じられないくらいスキンケアがシンプルなんだもん。

希　でもクマはすごいし、肌もくすんできてるんだよ。

絢　それはつい最近まで日焼け止めを塗ってなかったからでしょ？　すっぴんでしょっちゅう外を歩いてるのに「私なんで顔が黒くなってきてるんだろう？」って聞かれた日にはズッコケそうになったよ。それで、日焼け止めは塗ろうねってアドバイスしたんだよね。

希　そしたら透明感出てきました！　最低限のケアでこんなに変わるんだって、びっくりしちゃった。

絢　そう、肌は手をかけてあげた分だけキレイになるんです。

希　身を以て実感した。私、時を止めようとする美容にはあんまり興味がなくて。周りにいる人生の先輩たちを見ていても、年齢相応のキレイさがあるなって思っていて。

絢　同感。シワがあっても、それが笑いジワならチャーミングだよね。

希　そうそう。いっぱい笑って生きてきた証だからね。でも、毎日肌のお手入れをきちんとしたら、時が進む速度を緩められそうじゃない？　それは素敵かもしれないって最近、自分の肌と向き合って思う。

絢　うん、肌もそんな風に年齢を重ねられたら、理想。

希　あと、そうそう！　私、とうとう運動を始めてみようかなって。

絢　え！　それ、すごい変化。

希　運動があんまり得意じゃないから、今まではスタイルキープには食事制限しかないってずっと思ってて。炭水化物を控えてみたり、油を控えて

みたり、かなり色々な方法を試してきたの。でも、30代に突入してから食事だけでは追いつかなくなってきたんだよね。なんていうか、体のそこかしこがダルダルになってきたの（笑）！　それに、絢と過ごす時間が長くなるにつれ、私も食べたいものを食べて運動するスタンスに切り替えたくなって。それで、週に1回、トレーニングに通うって決めたんだ。まずは自分に合うペースでストレスが溜まらないように、ゆる〜く、のびのび頑がんばります。

絢　がんばって！　これからは一緒においしいものを思い切り食べられるようになると、それだけで幸せ♡

希　サボったらすぐ注意してね。

絢　言われなくても心得てます（笑）。

希　いっぱい運動して、大好きな味噌ラーメンを一緒に食べよう！

絢　食べよ、食べよ。北海道に旅行したときに食べた味噌ラーメン、おいしすぎたよね……。

希　うん、汁まで飲み干した。

絢　でも、一応二人ともラーメンを食べる上でルールは設けているよね。

希　そうなんです。私たちにとってラーメンはご褒美なんです。

絢　基本的にドラマや映画の作品に入っているときはオフが少ないから外食にも出かけなくて。一人だったら自宅で一汁三菜でいいと思ってるから、クランクアップしたら食べてもいいことにしてる。

希　私も同じ。作品が続いたりいくつも重なったりするとご褒美までの期間が空くことがあって。ようやくありつけたときのラーメンはまたおいしさも格別なんだと、しみじみ。

絢　ラーメンって塩分がかなり高いから、大人にはそのくらいの頻度がちょうどいいのかも。

希　本当にそうだと思う。

絢　食の話はこのくらいにして、のんちゃん、ファッションについてはどう？　ワンマイルウェアブランド「iNtimité」を立ち上げたこともあるし、この数年で向き合い方が変わってきたんじゃない？

希　うん、そこはもうすごく変わった。若い頃は素材や着心地よりもトレンドを追うことの方が大事でデザイン優先で選んでいたし、ワードローブも多ければ多いほどいいと思っていた私が20代後半くらいから絶対的に量より質を大切にするようになったんだよね。あと、お手入れがしやすいアイテムを選ぶようになったのも大きな変化かな。アイロンもかけられたらいいけれど、できるだけ時短と機能性も追求してる。

絢　そんなのんちゃんの背中を見ているせいか、私も30歳を目前に買い物にすごく慎重になったんだ。

希　うん、気づいてたよ。私たち、一緒に買い物に出かけるとめちゃくちゃ試着するよね？「これ本当に必要なのかな？」ってしつこいくらい考えちゃう。店員さんに「シワになりやすいですか？」とか聞いちゃうし。結局、素材に納得がいかないとどんなにデザインが気に入っていても着なくなっちゃうから。

絢　1年で着なくなるものじゃなくて、多少値段が張ってもなるべく長く大事に使えるものを買い足していきたいもんね。

希　ファッションに対するそういう思いも似ているからか、私たち、アイテムがかぶることも多くない？

絢　多い、多い。趣味もそっくりだもんね。実際、今日も私服かぶってたし（笑）。

希　だから、絢と会うときはちょっとだけドキドキしちゃう。「今日何着てくるんだろう？」って。

絢　かぶったらかぶったで、照れ臭いけど楽しいけどね。

希　ファッションもだけど、メイクもどんどんミニマムになってるよね、私達。年齢を重ねるにつれカバーするところが増えて濃くなると思いきや、引き算してばっかり。私「眉毛、リップ、以上！」だもん。

絢　私も（笑）。顔がはっきりしてるからバッチリメイクするとトゥーマッチになるんだよね。過去にメイクが濃かったのは時代もあると思う。

希　つけまつ毛、流行ったもんね。雑誌の撮影でも2枚重ねたり、上下にバッチリつけたり。

絢　トレンドは巡るっていうからま

NOZOMI SASAKI

1988年2月8日、秋田県生まれ。
ファッション誌を中心にモデルとして活躍しながら女優としても活躍の幅を広げる。
ワンマイルウェア『iNtimité』のプロデューサーとしても注目を集める。

た来るのかな？　ああいうブーム。

希　若い頃は自分のナチュラルな部分をカバーしようとしてたから濃いメイクに惹かれていたんだと思うの。あれは虚勢で、本当の私はゆるゆるだから。メイクも人間関係もすべてがナチュラルでいられたらなって。

絢　プライベートはとにかく心からリラックスして過ごしたいもんね。

希　本当に絢に出会えてよかった。

絢　突然、何言い出すの？　もちろん、私も同じ気持ちだけど（笑）。のんちゃんて、びっくりするくらい優しくて、愛おしいくらいお節介なんだもん。愛情が深くて一緒にいると家族みたいな気分になる。

希　いつも一緒にいる子のことは、絶対に守りたいんだ、私。

絢　本当に男前！　でもちょっと抜けてるから、可愛げもあってずるい。

希　その言葉、そっくりそのまま絢にお返しします♡

絢　もう、将来的には近くに住みたいよね。で、田舎みたいなご近所付き合いしたい。それこそ「野菜届いたから今からちょっと届けに行くね」ってさっと置きに行けるくらいの距離でいられたら理想的。

希　「たくさん作りすぎちゃったから持ってくよ」とかね。行ってみて不在だったら、お惣菜の入った袋をドアノブに引っ掛けといたりして。

絢　想像するだけで幸せ。おばあちゃんになってもずっとよろしくね。

CHAPTER 7

TRAVEL

人生を見つめ、成長させてくれる
旅は私の大切なライフワーク

私にとって旅は大切なライフワークのひとつ。
2日続けてオフがあったらすぐにどこかに
飛んで行きたくなってしまいます。
海外にプライベートで出かけるのは一年に1～2回。
新しい景色や初めて目にする文化は
いつも私に新たな価値観を与えてくれるので、
人生の糧になります。
あとから「あの頃、この国に行って、こんなことを
感じていたな」と振り返ることで
自分の内面の成長を感じることができる
"節目"の役割を果たしてくれるところも魅力だと思います。
今回、この本の撮影で訪れたモナコも
素晴らしい場所で全身で楽しませていただきました。
着いた瞬間、カラフルな街並みに一瞬で心を奪われて。
海鮮も野菜もとてもおいしいので
お酒もどんどん進みました。
何より思い出深いのは『オテルド パリ モンテカルロ』での滞在。
まるで映画のセットの中に入り込んで
しまったみたいに美しく、華麗な雰囲気なんです。
すれ違う人々も、みなさんドレスアップされていて、優美で。
あの空間に身を置くだけで幸福感がひしひしと
押し寄せてきたんです。
あんな経験、生まれて初めて。
一生のうちに一度でも足を運ぶことができて光栄でした。
次にまとまったお休みができたら、
モロッコに行ってみたいなって思っています。

少し前に国内旅行の魅力を再発見。つい海外に足を延ばしたくなるけれど、よくよく考えてみたら日本の中にもまだまだ行ったことのないエリアがたくさんあることに気がついたんです。

中学生の頃に今の仕事を始めて上京してしまったので、地元の北海道でさえ未踏の地だらけ。最近は、友達やスタッフのみなさんにオススメスポットを教えてもらって帰省するついでにチェックしています。

これから先の人生で見たことのない景色や口にしたことのない料理に出合えると思うとただひたすらワクワク。海外の方にオススメの旅先を聞かれたとき、日本人として胸を張って候補を挙げられる自分でありたいとも思うんですよね。

INTERVIEW WITH

KEIKO YUDA

一瞬一瞬と全力で向き合う努力が未来を輝かせる

女性誌の編集長というキャリアを全うしながら一児の母として家庭とも向き合う湯田さんは、
同じ女性として憧れの存在。理想の未来を紡いでいくためにどう生きるべきかを
半生を振り返りながら教えてくださいました。

湯田　絢ちゃんとは随分長いお付き合いだよね。私が『non-no』編集部にいたときからだからもう10年近くになるかしら？

絢　19歳から専属モデルとしてお世話になったのでそのくらいになると思います。

湯田　初めて絢ちゃんと撮影したスタッフが「絢ちゃんは毛穴が全くなくて、顔も肘もかかとも全部つるつるなんです！」って興奮して戻ってきた日のことを今でもよく覚えてる。天性で恵まれたものがありながら美しさをキープする努力を怠らない。その結晶が絢ちゃんなんだよね。最近、ますますキレイになって、洋服を着こなす力もメキメキついたって編集部のみんなが噂してたよ。

絢　ありがとうございます。それはもしかしたら大人の階段を登り始めた私が今着たい服と『BAILA』のファッションが近づいたことも大きいかもしれません。少し前からワードローブを買い足すときに、デザインより着心地、量より質を重視したいと思うようになったんです。

湯田　30歳を目前に価値観が大人になったのかもしれないね。

絢　ファッションだけじゃなくビューティも肩肘張らずに等身大の最善を見つけていけたらと思っていて。

湯田　その考え方には同感です。パルファン・クリスチャン・ディオールのクリエイティブ&イメージディレクターを務めるピーター・フィリップス

KEIKO YUDA

「non-no」、「MAQUIA」の編集長を経て、
現在「BAILA」の編集長に着任。エディターとして第一線で活躍。
キャリアを重ねながら、プライベートでは妻と母の顔も併せ持つ才色兼備。

氏が「人は心地良いと思えるときに美しくなれるのです」という言葉を残していて、ものすごく共感したの。スキンケアもメイクも、自分が心地いいと思える範囲でできることを積み重ねていけばいいんじゃないかな。

絢　時の流れは誰にも平等に訪れるじゃないですか。無理に抗うより手を繋いで歩いて行ける女性の方が素敵だと思うんですよね。

湯田　そうね。加齢は日々加速していくものだから多少焦ったり巻き返そうとする努力も必要だけど、トゥーマッチなのはナンセンス。大人になると20代前半までとは違って劇的に良くなることってそうそうなくなるじゃない？　あれこれ無理するより、体を気持ちよく動かして、最低限の筋肉をつけて、食事の量を適切に保って。鏡の中の自分と向き合ったときにがっかりしないくらいがきっとちょうどいい気がします。私も少し前からどんなに素敵なピアスでもつけていて痛くなるものは避けちゃうし、疲れる靴ははかなくなった。

絢　大人は努力もおしゃれも自分にフィットしてるものを継続していけるのが理想ですよね。ところで湯田さん。前からおうかがいしたかったんですが、湯田さんのそのバイタリティは一体どこからやってくるんですか？　編集長としてこんなにもお忙しく過ごされている中で、家庭のこともきちんとこなしているなんて、私からするとまるでエスパーみたいなんです。

湯田　それはね、たぶん、生まれたときから自家発電できるエネルギーが備わっているんだと思うの。絢ちゃんに美しさが備わっているのと同じように。

絢　そうなんですか（笑）？

湯田　でも、今でこそいろんな人からエネルギッシュだと言われる私も、絢ちゃんの年齢の頃は自分に自信が持てなくてよく思い悩んでたんだよ。

絢　本当ですか？　何だか想像がつかないですけど……。

湯田　本当も本当。集英社に入ったときはとにかく仕事を覚えることに精一杯。新入社員の頃に配属された『ＭＯＲＥ』編集部で美容担当になったんだけど右も左もわからなくて。突撃精神を武器にヘアメイクアップアーティストの藤原美智子さんや美容ジャーナリストの齋藤薫さんに体当たりでお仕事をお願いして。とにかくがむしゃらだったことしか記憶にないかも。当時の『ＭＯＲＥ』はカバー担当が年変わりでローテーションだったから自分の順番が来るとそれも担当することになって。まだ大した経験もないのに安室奈美恵さんや福山雅治さんの撮影現場を仕切ることになったから、常にフルスロットルだったの。刹那的なのかもしれないけれど、いつも目の前の仕事と必死に向き合うというスタンスで駆け抜けてきました。

絢　きっとその一瞬一瞬と全力で向き合う努力が今の〝編集長〟というキャリアにつながっていったんですね。

湯田　先を見る余裕はなかったから、もしかしたらそうかもしれないね。しかも、そんな多忙の毎日の中で、突如結婚することが決まって。

絢　そこまでお仕事をされている中で、恋愛する時間があったんですか？

湯田　それがあったの（笑）。夫は年上なんだけど、ある日「結婚するならいつでもいいぞ」って言ってくれて。これもタイミングだってビビっときて。手帳を取り出したら、出張と出張の間にポカンと空いたタイミングを発見。直感で「ここにしよう」って思って結婚することにしたんだよね。そしたらそのあとすぐに妊娠して。入籍からぴったり一年後の10月17日に母になりました。

絢　編集者としてのキャリアだけじゃなく、女性としての幸せも、どちらも手に入れたんですね。憧れます。

湯田　そう映るかもしれないけれど、家庭……特に子育てに関しては、息子が大学生になった今でも胸を張って「私はこれをやりました」って言えるようなことは何一つないかな。家族に対しては、どちらかというと申し訳ない気持ちの方が大きいかもしれない。産休から復帰してほどなく副編集長に昇格。子育てに一番集中したい時期と忙しい時期が重なって。主人や息子に対して後ろ髪を引かれる気持ちもあったけれど、仕事でお金をもらう以上、責任を全うしなくてはならないから後回しにはできない。「息子を育て終わったから編集長になります」なんて、人生そんなに都合良くは進んでいかないしね。

絢　それはもう自分じゃなくて会社が決めることですもんね。

湯田　ある意味運命だから、受け入れてベストを尽くすしかないよね。

絢　家庭と仕事の両立は、きっとかなり大変でしたよね？

湯田　どちらも中途半端だと自分に自信がなくなるし自分のことが信じられなくなりそうで怖かったから、せめて仕事だけは全力でやりきろうと決意。家族にたくさん甘えさせてもらって、思う存分働きました。今は息子も無事に大学に進学して、たまの週末は夫と楽しく過ごして。我が家なりに幸せだから結果オーライだって思いたいし、家族には感謝しています。

絢　子育てでも仕事でも〝やりきった〟と思える何かが1つでもある方が人生は豊かになるんですね。

湯田　そうかもしれない。絢ちゃんは努力を怠らない人だから、プライベートも仕事もチャンスが舞い降りてきたときにちゃんとキャッチできると思うの。女優としても女性としても、この先自らの手でどんな幸せを掴むのか楽しみにしています。そのために、自分の夢や気持ちにいつも正直であることだけは約束してね。

まずはじめに、この本を手に取ってくださった皆さん、
ありがとうございます。

わたしにとって初めてのBeauty Book、いかがでしたか？

20代最後にお届けする本をどんな一冊にしよう……。
スタッフの皆さんと話し合いを重ねる中で、私がこれまでずっと向き合ってきた
美容をコンセプトにすることを決めました。

SNSなどを通してファンの皆さんから美容に関する質問をいただくのに
うまくお答えできていなかったこともずっと心に引っかかっていて。
「いい機会になるかもしれない」と思ったことも制作のきっかけ。

私のInstagramに美容に関する質問を寄せてくださった皆さま、
本当にありがとうございます♡
この本は皆さまの質問を軸に作られています。

美容に関してはずっと劣等生だった私。
ダイエットは話題のものに挑戦しては失敗を繰り返し、
スキンケアのトライ＆エラーも数え切れないほど。
エクササイズやワークアウトもかなり模索して今に至ります。
もともと日焼けしやすく、ニキビができやすい肌質で、
肌のコンディションを安定させるまでの道のりも長いものでした。

この本の制作を通じて自分の美容に対する姿勢を振り返り、
最初から完璧なものなんて何ひとつないことを改めて感じました。

挑戦し続けなければ理想の自分には近づけないし、
失敗は次のステップアップのための大きな糧となる。
そう信じて諦めずに自分を磨く努力を続けてきたからこそ
今こうして胸を張れる自分がいるのだと思います。

心がくじけそうな瞬間もあったけれど、
頑張ったら成果は必ずついてくるから、また前を向いて進んでいける。
キレイになった分だけ人生はきっときらめきを増すから一緒に頑張っていこうね！

「BE BEAUTIFUL」がキレイになりたい皆さんの
背中を少しでも押せる一冊となりますように。

年齢を重ねることが怖いと感じるのではなく
「楽しい！」と思える毎日を！ ♡♡♡

2020年1月29日 大政絢

最後の夜のご飯。たくさん飲んで、
たくさん笑って、最高の思い出に！
モナコチーム最高！

Hôtel de Paris Monte-Carlo

オテル・ド・パリ・モンテカルロ

華やかなモナコ公国を象徴とするこの5つ星ホテルは、1864年創業の伝統を守りつつ、21世紀においても伝説的な存在であり続けるため2018年末に4年もの歳月をかけて行なった大改装工事を終了したばかり。重要文化財に指定されているエントランスをくぐると、大理石に覆われたゴージャスなロビーに感動もひとしお。モナコで美を極めたい女子には、6,600㎡の広さをもつ世界屈指の最高級スパ「テルム・マラン・モンテカルロ」にて心身ともに癒されたい。

ADD：Place du Casino, MC 98000 Monaco
TEL：+377-98-06-30-00
https://www.montecarlosbm.com/en/hotel-monaco/hotel-paris-monte-carlo

SHOP LIST : FASHION

AROMATIC CASUCA／CASUCA 表参道店 ☎03-5778-9169
Velnica.／Velnica Room ☎03-6323-9908、Christian Louboutin／Christian Louboutin Japan ☎03-6804-2855
JIMMY CHOO／JIMMY CHOO ☎0120-013-700、Gianvito Rossi／Gianvito Rossi ☎03-3403-5564
TASAKI／TASAKI ☎0120-111-446、N.O.R.C by the line／N.O.R.C ☎03-3669-5205
HANRO／ワコール ☎0120-307-056
blanciris／blanciris ESTNATION 六本木ヒルズ店 ☎0120-503-971
Pomellato／ポメラートブティック 銀座店 ☎03-3289-1967
Max Mara／マックスマーラ ジャパン ☎0120-030-535
ROSETTA GETTY／MAISON DIXSEPT ☎03-3470-2100
iNtimité／ANTHEMICK ☎03-6801-6096
Hirotaka, MARIA BLACK, MARIHA／showroom SESSION ☎03-5464-9975

Fairmont Monte-Carlo

フェアモント・モンテカルロ
モナコF1グランプリの
「フェアモント・ヘアピンカーブ」で知られ、
客室のテラスから、目前にF1グランプリコースを
見られるのも魅力。ルーフトップの
「ニッキ・ビーチ」ではプールサイドでカクテルを嗜み、
2019年度世界スパ・アワードにて
モナコの最優秀ホテル・スパに選ばれた
「キャロル・ジョイ」でデトックスを。

ADD：12 Avenue des Spélugues,
MC 98000 Monaco
TEL：+377-93-50-65-00
https://www.fairmont.jp/
monte-carlo/

Hôtel Métropole Monte-Carlo

ホテル・メトロポール・モンテカルロ
カジノ広場から近いとはいえ、
人里離れた静寂感が魅力なホテル。
美食のミシュラン2ツ星
「ジョエル・ロブション・モンテカルロ」、
スワロフスキーがきらきらと
光りを放つプールとラウンジバー「オデッセイ」、
ジバンシーのプロダクトによる
「スパ・メトロポール モンテカルロ
byジバンシー」が、ホテル滞在を潤す。

ADD：4 Avenue de la Madone,
MC 98000 Monaco
TEL：+377-93-15-15-15
https://www.metropole.com/
en/home

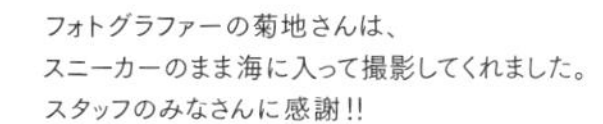

フォトグラファーの菊地さんは、
スニーカーのまま海に入って撮影してくれました。
スタッフのみなさんに感謝!!

SHOP LIST： BEAUTY

RMK Division 0120-988-271、AVEDA ☎0570-003-770、アリエルトレーディング 0120-201-790、ALBION 0120-114-225、uka Tokyo head office ☎03-5843-0429
VERITAS 0120-61-5554、WELEDA JAPAN 0120-070-601、YVES SAINT LAURENT BEAUTÉ 0120-526-333、石澤研究所 0120-49-1430、air entertainment.inc ☎03-6427-3771
ESTEĒ LAUDER ☎0570-003-770、F.G.J ☎03-6434-5370、F organics ☎03-3261-2892 、MiMC ☎03-6455-5165、衣里クリニック表参道 ☎03-5786-0666
Elégance Cosmeteics 0120-766-995、KAO 0120-165-696、KANEBO COSMETICS 0120-518-520、クナイプお客様相談室 0120-428-030、GRASSE TOKYO ☎03-6821-6211
クラランス お客様窓口 ☎03-3470-8545、Clue ☎03-5643-3551、THE PUBLIC ORGANIC ☎050-2018-2557、GMコーポレーション ☎06-6375-7170、SHISEIDO 0120-81-4710
シュウエイトレーディング ☎03-5719-0249、JOVY お客様相談窓口 0120-625-177、ジョンソン・エンド・ジョンソン 0120-101110、SUQQU 0120-988-761、SPIC 0120-663-337
THREE 0120-898-003、セルヴォーク ☎03-3261-2892、TAKAKO STYLE ☎03-6455-0021、TOM FORD BEAUTY ☎0570-003-770、TWO ☎03-6869-0010
DECORTÉ 0120-763-325、NIVEA KAO 0120-165-699、バスクリンお客様相談室 0120-39-8496、PARFUMS CHRISTIAN DIOR ☎03-3239-0618
PARFUMS GIVENCHY ☎03-3264-3941、Hands-on 表参道店 ☎03-3486-8181、ブルーベル・ジャパン 事業本部 0120-005-130、Frantsila ☎03-5843-0960
HELENA RUBINSTEIN ☎03-6911-8287、マザー・アース・ソリューション ☎03-6447-1204、メイベリン ニューヨーク お客様相談室 ☎03-6911-8585
Lancôme ☎03-6911-8151、ルベル／タカラベルモント 0120-00-2831、YumiCoreBodyProduct ☎050-5359-4788

Monaco Shooting
Photographer : Yasuhisa Kikuchi (vale.)
Stylist : Kumi Saito
Hair & Make-up : SAKURA (makiura office)
Assistant Photographer : Yuichi Sakakibara
Assistant Stylist : Miku Kurai
Location Coordinator : Tomoko Yokoshima
Driver : Jean-Michel Karavokyros

Interview
Photographer : Takahiro Setsu (biswa.)
Stylist : Kumi Saito
Hair & Make-up : Riho Takahashi (HappyStar)

Still Photographer : Yoshihito Ishizawa

Location
Hôtel de Paris Monte-Carlo, Monte-Carlo Société des Bains de Mer (SBM)
Fairmont Monte-Carlo, Nikki Beach, Hôtel Métropole Monte Carlo
Spa Métropole by Givenchy, Marché de la Condamine
Vacances Bleues Delcloy, LIKE

Special Thanks
モナコ政府観光会議局
(Monaco Government Tourism and Convention Bureau)
NATASHA SENN

Edit & Writing : Rina Ishibashi
Art Direction & Design : Atsuko Kito

Supervisor : Ryoji Fujishita, Ryuichi Taguchi (STARDUST PROMOTION)
Chief Artist Management : Ryoko Nakahara (STARDUST PROMOTION)
Artist Management : Nanae Matsuyama (STARDUST PROMOTION)
Artist Management Desk : Kaori Ishii (STARDUST PROMOTION)
Sales : Atsushi Kawasaki, Hidenori Takechi (SDP)
Promotion : Minori Watanabe (SDP)
Producer : Sawa Suzuki (SDP)
Executive Producer : Yoshiro Hosono (SDP)

BE BEAUTIFUL

Aya Omasa Beauty Book

2020年1月29日　初版　第1刷発行

発行者　細野義朗
発行所　株式会社 SDP
〒150-0021 東京都渋谷区恵比寿西2-3-3
TEL 03(5459)7171（第2編集部） 03(5459)8610（営業部）
ホームページ http://www.stardustpictures.co.jp
印刷製本　凸版印刷株式会社

ISBN 978-4-906953-79-0